碳排放核查程序要求与核查报告范例

中国质量认证中心 编著

煤炭工业出版社

·北京·

图书在版编目（CIP）数据

碳排放核查程序要求与核查报告范例／中国质量认证中心编著． - - 北京：煤炭工业出版社，2017
ISBN 978 - 7 - 5020 - 5742 - 8

Ⅰ.①碳… Ⅱ.①中… Ⅲ.①二氧化碳—排气—空气污染监测—中国 Ⅳ.①X511

中国版本图书馆 CIP 数据核字（2017）第 052708 号

碳排放核查程序要求与核查报告范例

编　　著	中国质量认证中心
责任编辑	马明仁
编　　辑	郭浩亮
封面设计	董方达
出版发行	煤炭工业出版社（北京市朝阳区芍药居35号　100029）
电　　话	010 - 84657898（总编室）
	010 - 64018321（发行部）　010 - 84657880（读者服务部）
电子信箱	cciph612@126.com
网　　址	www.cciph.com.cn
印　　刷	中煤（北京）印务有限公司
经　　销	全国新华书店
开　　本	787mm×1092mm $^1/_{16}$　印张　4　字数　16 千字
版　　次	2017 年 5 月第 1 版　2017 年 5 月第 1 次印刷
社内编号	8605　　　　　　定价　50.00 元

版权所有　违者必究

本书如有缺页、倒页、脱页等质量问题，本社负责调换，电话:010 - 84657880

碳排放核查程序要求与核查报告范例

编 审 委 员 会

主　　编	王克娇	宋向东	程秀芹		
副 主 编	于　洁	陈之莹	张丽欣		
编写人员	王　峰	王振阳	王科理		
审定人员	张丽欣	郑显玉	张建宇	马旭辉	董方达

序　言

"十三五"时期是我国全面建成小康社会的决胜阶段，也是我国实现2020年、2030年控制温室气体排放行动目标的关键时期，我国应对气候变化面临着新形势、新任务、新挑战。

十八届六中全会提出了推动全面深化改革、供给侧结构性改革的要求，这对做好应对气候变化工作提出了更高的要求。2015年12月联合国气候大会召开前，中国明确提出计划于2017年正式启动全国碳排放交易体系，第一阶段将覆盖石化、化工、建材、钢铁、有色、造纸、电力、航空等重点排放行业，届时中国的碳排放交易市场将成为全世界最大的碳排放交易市场。

根据《国民经济和社会发展第十三个五年规划纲要》提出的有效控制电力、钢铁、建材、化工等重点行业碳排放，推动建设全国统一的碳排放交易市场，实行重点单位碳排放报告、核查、配额管理制度的目标，推动完成国务院《"十三五"控制温室气体排放工作方案》提出的完善应对气候变化法律法规和标准体系，加强温室气体排放统计与核算，建立温室气体排放信息披露制度，完善低碳发展政策体系，加强机构和人才队伍建设的工作任务，国家发展改革委先后组织制定和印发了24个行业的《温室气体排放核算方法与报告指南（试行）》（以下简称《指南》），并明确开展全国重点企（事）业单位温室气体排放报告工作，通过此项工作全面掌握重点单位温室气体排放情况，加快建立重点单位温室气体排放报告制度，完善国家、地方、企业三级温室气体排放基础统计和核算工作体系，加强重点单位温室气体排放管控，为实行温室气体排放总量控制、开展碳排放权交易等相关工作提供数据支撑。为保证全国重点企（事）业单位温室气体排放报告工作的顺利开展，提高各省市报送单位的报送水平和报告质量，提升地方各级政府应对气候变化主管部门综合能力，培养全国碳排放权交易专业从业人员，在国家发展改革委应对气候变化司的统一指导下，在中国检验认证集团、中国低碳联盟的全力支持下，由中国质量认证中心组织专家针对全国碳排放交易覆盖的 11 个行业《指南》编写了系列解析丛书，针对《指南》中的重点内容进行了详细解读，结合多年开展温室气体排放核算及核查的工作经验，通过案例帮助读者深入理解《指南》的要求，准确核算企业自身温室气体排放量，建立温室气体排放核算和报告的质量保证和文件存档制度，该套丛书可作为各级企（事）业单位用于温室气体报送工作的指导手册，同时也可以作为各级地方政府应对气候变化主管部门能力建设的教材，第三方核查机构、咨询公司及院校等从业人员的专业培训教材。

中国检验认证集团将继续全面服务于社会经济发展，并为持续推动产业和科技进步作出自己的贡献。最后，欢迎各界读者及行业专家对本丛书给予指导勘正。

中国检验认证集团董事长

目 录

第一部分　核查机构及人员参考条件..1

第二部分　第三方核查参考指南..7

第三部分　核查报告范例..25

第一部分　核查机构及人员参考条件[*]

一、核查机构相关条件

1.基本条件

（1）应具有独立法人资格。企业注册资金不少于 500 万元，事业单位/社会团体开办资金不少于 300 万元。

（2）应具有固定的工作场所，以及开展核查工作所需的设施和办公条件。

（3）应具备充足的专业人员及完善的人员管理程序，以确保其有能力在获准的专业领域内开展核查工作；应确保符合核查员要求的专职人员至少 10 名；所申请的每个专业领域至少有 2 名核查员。

（4）应具备健全的组织结构，完善的财务制度，并具有应对风险的能力，确保对其核查活动可能引发的风险能够采取合理、有效的措施，并承担相应的经济和法律责任。核查机构应具备开展核查活动所需的稳定财务收入并建立相应的风险基金或保险（风险基金或保额均应与业务规模相适应）。

2.核查业绩和经验

核查机构应在温室气体核查领域内具有良好的业绩和经验。应为经清洁发展机制（CDM）执行理事会批准的指定经营实体，或经国家发展和改革委员会备案的温室气体自愿减排项目审定与核证机构，或在碳交易试点省市备案的碳排放核查机构，或在省市级碳交易主管部门备案的重点企事业单位温室气体排放报告第三方核查机构、节能量审计机构，且近 3 年在国内完成的 CDM 或自愿减排项目

---

[*] 下文中参考条件出自国家发展改革委办公厅《关于切实做好全国碳排放权交易市场启动重点工作的通知》（发改办气候[2016]57 号）附件 4。如若有相关新规出台，则以最新规则为准。

的审定与核查、碳排放权交易试点核查、各省市重点企事业单位温室气体排放报告核查、ISO14064 企业温室气体核查等领域项目总计不少于 20 个。

对于无上述审定或核证经历的机构，应在温室气体减排、清单编制、碳排放报告核算和核查等应对气候变化领域内独立完成至少 1 个国家级或 3 个省级研究课题；或经国家碳交易主管部门组织的专家委员会评估认定合格。

3.内部管理制度

核查机构应具备完善的内部管理制度，管理核查业务的有关活动与决定，包括：

（1）有完整的组织结构，并明确管理层和核查人员的任务、职责和权限。

（2）指定一名高级管理人员作为负责核查事务的负责人。

（3）有完善的质量管理制度，包括人员管理、核查活动管理、文件和记录管理、申诉、投诉和争议处理、保密管理、不符合及纠正措施处理以及内部审核和管理评审等相关制度。

（4）有严格的公正性管理制度，确保其不参与核查服务存在利益冲突的活动，确保其高级管理人员及实施核查的人员不参与任何可能影响其客观独立判断的活动。

（5）有完善的保密管理制度，确保其相关部门和人员对从事核查活动时获得的信息予以保密，并通过签署具有法律效力的协议落实保密管理制度，法律规定的特殊情况除外。

4.利益冲突

核查机构与从事碳资产管理和碳交易公司不能存在资产和管理方面的利益关系，如隶属于同一个上级机构等。

核查机构没有参与任何与碳资产管理和碳交易的活动，如代重点排放单位管理配额交易账户、通过交易机构开展配额和自愿减排量的交易、或提供碳资产管理和碳交易咨询服务等。

5.不良记录

核查机构在其从事的核查工作或其他业务中不存在渎职、欺诈、泄密等其他不良记录。

二、第三方核查机构的公正性要求

成功申请第三方核查机构资质后，核查机构应建立并实施公正性管理程序，分析潜在的和实际的利益冲突并采取措施避免其发生。

在管理层面，核查机构应采取如下措施：

（1）最高管理者应承诺在核查过程中保持公正。

（2）以协议或者其他方式要求所有核查人员公正核查。

（3）定期对财务和收入来源进行评审，证实其公正性不受影响。

（4）建立公正性委员会，定期评审其公正性。

在实施层面，核查机构应避免：

（1）与受核查方存在资产、管理和人员方面的利益关系，如隶属于同一个上级机构，共享管理人员或五年内互聘过管理人员等。

（2）为受核查方同时提供核查服务和碳排放核算、监测、报告和校准等相关咨询服务。

（3）使用存在利益冲突的核查人员，如该人员在过去三年之内与受核查方存在雇佣关系或为其提供过相关碳咨询服务等。

（4）收受和给予商业贿赂，如接受任何可能影响核查结论真实性的商业贿赂，或者为签署核查协议而给予受核查方商业贿赂等。

（5）与碳咨询单位或者碳交易机构通过业务互补，联合开发市场业务。

（6）将核查流程中的某个环节外包给其他机构实施。

三、第三方机构核查员参考条件

1. 通用要求

（1）中国人民共和国公民。

（2）大学本科及以上学历。

（3）个人信用良好，无任何违法违规从业记录。

（4）不得同时受聘于两家或以上的核查机构。

2. 知识和技能要求

（1）掌握碳排放相关的法律法规和标准知识。

（2）掌握碳排放核算方法及活动数据和排放因子的监测和核算。

（3）熟知核查工作程序、原则和要求。

（4）熟知数据与信息核查的方法、风险控制、抽样要求以及内部质量控制体系。

（5）运用适当的核查方法，对数据和信息进行评审，并做出专业判断的能力。

（6）除满足上述（1）～（5）条要求外，专业核查员还应掌握所核查行业特定的工艺、排放设施以及排放源识别和控制等方面的专业知识。

（7）除满足上述（1）~（5）条要求外，核查组长还应具有代表核查组与委托方沟通、管理核查组、控制核查风险以及做出核查结论的能力。

3.核查业绩和经验要求

（1）在温室气体核算、CDM项目审定与核查、自愿减排项目审定与核查、ISO14064企业温室气体核查、试点碳排放权交易企业碳排放核查、节能量审核中的一个或多个领域具有2年（含）以上的咨询或审核经验，并作为组长或技术负责人主持项目累计不少于2个或作为组员参与项目审核或咨询不少于5个。

（2）除满足上述要求外，专业核查员还需在专业领域范围内具有一年的工作经验，工作经验可包括与工艺相关的工作、与碳排放相关的咨询或核查工作。

第二部分　第三方核查参考指南[*]

一、适用范围

本《指南》用于指导第三方核查机构（以下简称核查机构）对纳入全国碳排放权交易的重点排放单位提交的 2013 年至 2015 年度温室气体排放报告实施核查工作。

二、核查工作原则

核查机构在准备、实施和报告核查和复查工作时，应遵循以下基本原则。

1.客观独立

核查机构应保持独立于受核查方，避免偏见及利益冲突，在整个核查活动中保持客观。

2.诚实守信

核查机构应具有高度的责任感，确保核查工作的完整性和保密性。

3.公正表达

核查机构应真实、准确地反映核查活动中的发现和结论，还应如实报告核查活动中所遇到的重大障碍，以及未解决的分歧意见。

4.专业严谨

核查机构应具备核查必需的专业技能，能够根据任务的重要性和委托方的

---

[*] 本部分出自国家发展改革委办公厅《关于切实做好全国碳排放权交易市场启动重点工作的通知》（发改办气候[2016]57号）附件5。如若有相关新规出台，则以最新规则为准。

具体要求，利用其职业素养进行专业判断。

三、核查程序

核查机构应按照规定的程序进行核查，主要步骤包括签订协议、核查准备、文件评审、现场核查、核查报告编制、内部技术评审、核查报告交付及记录保存等 8 个步骤（见下图）。核查机构可以根据核查工作的实际情况对核查程序进行适当的调整，但调整的理由应在核查报告中予以详细说明。

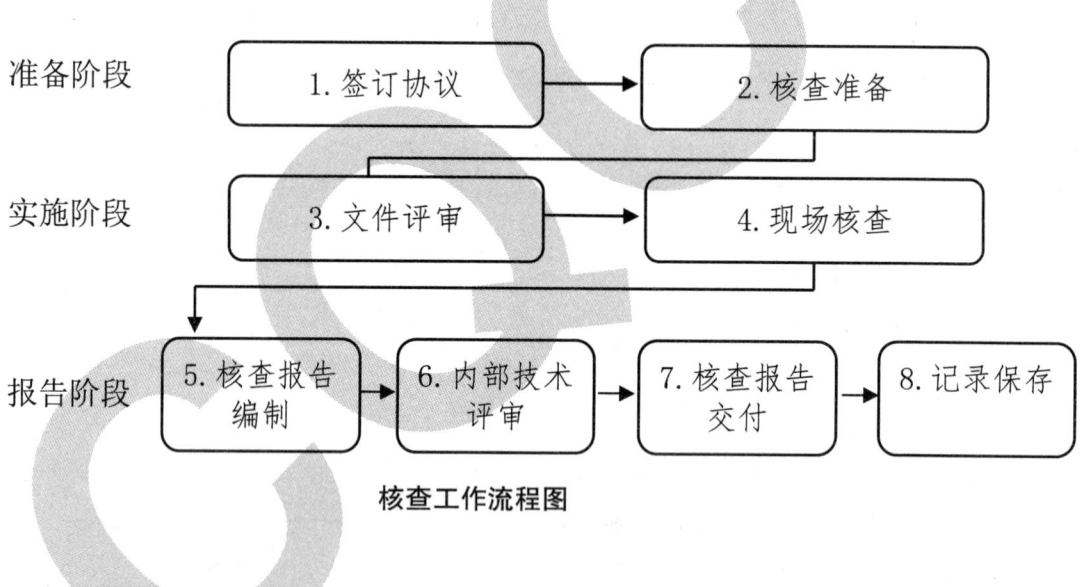

```
准备阶段   1.签订协议 → 2.核查准备
实施阶段   3.文件评审 → 4.现场核查
报告阶段   5.核查报告编制 → 6.内部技术评审 → 7.核查报告交付 → 8.记录保存
```

核查工作流程图

1.签订协议

核查机构应与核查委托方签订核查协议。核查协议签订之前，核查机构应根据其被授予资质的行业领域、核查员资质与经验、时间与人力资源安排、重点排放单位的行业、规模及排放设施的复杂程度等，评估核查工作实施的可行性及与核查委托方或重点排放单位可能存在的利益冲突等。

核查机构在完成上述评估后确认是否与委托方签订核查协议。核查协议内容可包括核查范围、应用标准和方法、核查流程、预计完成时间、双方责任和义务、保密条款、核查费用、协议的解除、赔偿、仲裁等相关内容。

2.核查准备

核查机构应在与委托方签订核查协议后选择具备能力的核查组长和核查员组成核查组。核查组的组成应根据备案核查员的专业领域、技术能力与经验、重点排放单位的性质、规模及排放设施的数量等确定，核查组至少由两名成员组成，其中一名为核查组长，至少一名为专业核查员。核查组长应充分考虑重点排放单位所在的行业领域、工艺流程、设施数量、规模与场所、排放特点、核查员的专业背景和实践经验等方面的因素，制定核查计划并确定核查组成员的任务分工。核查组长应与核查委托方和/或重点排放单位建立联系，要求核查委托方和/或重点排放单位在商定的日期内提交温室气体排放报告及相关支持文件。

在核查实施过程中，如有必要可对核查计划进行适当修订。但核查组应将修订的核查计划与委托方和/或重点排放单位进行沟通。

3.文件评审

文件评审包括对重点排放单位备案的监测计划、提交的温室气体排放报告和相关支持性材料（重点排放单位排放设施清单、排放源清单、活动数据和排放因子的相关信息等）的评审。通过文件评审，核查组初步确认重点排放单位的温室气体排放情况，并确定现场核查思路、识别现场核查重点。

文件评审工作应贯穿核查工作的始终。

4.现场核查

（1）现场核查目的

现场核查的目的是通过现场观察重点排放单位排放设施，查阅排放设施运行和监测记录（例如化石燃料的库存记录、采购记录或其他相关数据来源），查阅活动数据产生、记录、汇总、传递和报告的信息流过程，评审排放因子来源以及与现场相关人员进行会谈，判断和确认重点排放单位报告期内的实际排放量。

（2）现场核查计划

核查组应根据初步文件评审的结果制订现场核查计划并与委托方和/或重点排放单位确定现场核查的时间与安排。现场核查计划应于现场核查前 5 个工作日发给核查委托方和/或重点排放单位确认。

现场核查的计划应包括核查目的与范围、核查的活动安排、核查组的组成、访问对象及核查组的分工等。如果核查过程中涉及到抽样，应在现场核查计划中明确抽样方案。现场核查的时间取决于重点排放单位排放设施、排放源的数量和排放数据的复杂程度和可获得程度。

（3）抽样计划

当重点排放单位存在多个相似场所时，应首先识别和分析各场所的差异。当各场所的业务活动、核算边界和排放设施的类型差异较大时，每个场所均要进行现场核查；仅当各场所的业务活动、核算边界、排放设施以及排放源等相似且数据质量保证和质量控制方式相同时，方可对场所的现场核查采取抽样的方式。核查机构应考虑抽样场所的代表性、重点排放单位内部质量控制的水平、核查工作量等因素，制订合理的抽样计划。当确认需要抽样时，抽样的数量至少为所有相似现场总数的平方根（$y=\sqrt{x}$），x 为总的场所数，数值取整时进 1。当存在超过 4 个相似场所时，当年抽取的样本与上一年度抽取的样本重复率不能超过总抽样量的 50%。当抽样数量较多，且核查机构确认重点排放单位内部质量控制体系相对完善时，现场核查场所可不超过 20 个。

核查机构应对重点排放单位的每个活动数据和排放因子进行核查，当每个活动数据或排放因子涉及的数据数量较多时，核查机构可以考虑采取抽样的方式对数据进行核查，抽样数量的确定应充分考虑重点排放企业对数据流内部管理的完善程度、数据风险控制措施以及样本的代表性等因素。

如在抽取的场所或者数据样本中发现不符合，核查机构应考虑不符合的原因、性质以及对最终核查结论的影响，判断是否需要扩大抽样数量或者将样本覆盖到所有的场所和数据。

（4）现场核查程序

现场核查一般可按照召开见面会介绍核查计划、现场收集和验证信息、召开总结会介绍核查发现等步骤实施。核查组应对在现场收集的信息的真实性进行验证，确保其能够满足核查的要求。必要时可以在获得重点排放单位同意后，采用复印、记录、摄影、录像等方式保存相关记录。

（5）不符合，纠正及纠正措施

现场核查实施后核查组应将在文件评审、现场核查过程中发现的不符合提交给委托方和/或重点排放单位。核查委托方和/或重点排放单位应在双方商定的时间内采取纠正和纠正措施。核查组应至少对以下问题提出不符合：

• 排放报告采用的核算方法不符合核查准则的要求；

• 重点排放单位的核算边界、排放设施、排放源、活动数据和排放因子等与实际情况不一致；

• 提供的符合性证据不充分、数据不完整或在应用数据或计算时出现了对排放量产生影响的错误。

重点排放单位应对提出的所有不符合进行原因分析并进行整改，包括采取纠正及纠正措施并提供相应的证据。核查组应对不符合的整改进行书面验证，必要时，可采取现场验证的方式。只有对排放报告进行了更改或提供了清晰的解释或证据并满足相关要求时，核查组方可确认不符合的关闭。

5.核查报告编制

确认不符合关闭后或者30天内未收到委托方重点排放单位采取的纠正和纠正措施,核查组应完成核查报告的编写。核查组应根据文件评审和现场核查的核查发现编制核查报告,核查报告应当真实、客观、逻辑清晰,并采用本部分附件所规定的格式,主要包括以下内容:

(1) 核查目的、范围及准则。

(2) 核查过程和方法。

(3) 核查发现,包括:

- 重点排放单位基本情况的核查;

- 核算边界的核查;

- 核算方法的核查;

- 核算数据的核查,其中包括活动数据及来源的核查、排放因子数据及来源的核查、温室气体排放量以及配额分配相关数据的核查;

- 质量保证和文件存档的核查。

(4) 核查结论

核查组应在核查报告里列出核查活动中所有支持性文件,在有要求的时候能够提供这些文件。

核查组应在核查报告中出具肯定的或否定的核查结论。只有当所有的不符合关闭后,核查组方可在核查报告中出具肯定的核查结论。核查结论应至少包括以下内容:

- 重点排放单位的排放报告与《核算方法与报告标准》或《指南》的符合性;

- 重点排放单位的排放报告与备案的监测计划的一致性;

- 重点排放单位的排放量声明；

- 重点排放单位的排放量存在异常波动的原因说明；

- 核查过程中未覆盖的问题描述。

6.内部技术评审

核查报告在提供给委托方和／或重点排放单位之前，应经过核查机构内部独立于核查组成员的技术评审，避免核查过程和核查报告出现技术错误。核查机构应确保技术评审人员具备相应的能力、相应行业领域的专业知识及从事核查活动的技能。

7.核查报告交付

只有当内部技术评审通过后，核查机构方可将核查报告交付给核查委托方和/或重点排放单位，以便于重点排放单位于规定的日期前将经核查的年度排放报告和核查报告报送至注册所在地省市级碳交易主管部门。

8.记录保存

核查机构应保存核查记录以证实核查过程符合本《指南》的要求。核查机构应以安全和保密的方式保管核查过程中的全部书面和电子文件，保存期至少10年，保存文件包括：

- 与委托方签订的核查协议；

- 核查活动的相关记录表单，如核查协议评审记录、核查计划、见面会和总结会签到表、现场核查清单和记录等；

- 重点排放单位温室气体排放报告（初始版和最终版）；

- 核查报告；

- 核查过程中从重点排放单位获取的证明文件；

- 对核查的后续跟踪（如适用）；

- 信息交流记录，如与委托方或其他利益相关方的书面沟通副本及重要口头沟通记录，核查的约定条件和内部控制等内容；

- 投诉和申诉以及任何后续更正或改进措施的记录；

- 其他相关文件。

核查机构应对所有与委托方和/或重点排放单位利益相关的记录和文件进行保密。未经委托方和/或重点排放单位同意，不得披露相关信息，各级碳排放交易主管部门要求查阅相关文件除外。

四、核查要求

1.重点排放单位基本情况的核查

核查机构应对重点排放单位报告的基本情况进行核查，确认其是否在排放报告中准确地报告了以下信息：

- 重点排放单位名称、单位性质、所属行业领域、组织机构代码、法定代表人、地理位置、排放报告联系人等基本信息；

- 重点排放单位内部组织结构、主要产品或服务、生产工艺、使用的能源品种及年度能源统计报告情况。

核查机构应通过查阅重点排放单位的法人证书、机构简介、组织结构图、工艺流程说明、能源统计报表等文件，并结合现场核查中对相关人员的访谈确认上述信息的真实性和准确性。

2.核算边界的核查

核查机构应对重点排放单位的核算边界进行核查，对以下与核算边界有关的信息进行核实：

- 是否以独立法人或视同法人的独立核算单位为边界进行核算；

- 核算边界是否与相应行业的《核算方法和报告标准》或《指南》以及备案的监测计划一致；

- 纳入核算和报告边界的排放设施和排放源是否完整；

- 与上一年度相比，核算边界是否存在变更。

核查机构可通过与排放设施运行人员进行交谈、现场观察核算边界和排放设施、查阅备案的监测计划、查阅可行性研究报告及批复、查阅相关环境影响评价报告及批复等方式来验证重点排放单位核算边界的符合性。

3.核算方法的核查

核查机构应对重点排放单位温室气体核算方法进行核查，确定核算方法符合相应行业的《核算方法和报告标准》或《指南》以及备案的监测计划的要求，对任何偏离标准或《指南》要求的核算都应在核查报告中予以详细的说明。

4.核算数据的核查

核查机构应对核算报告中的活动数据、排放因子（计算系数）、温室气体排放量以及配额分配支持数据进行核查。

（1）活动数据及来源的核查

核查机构应依据《核算方法和报告标准》或《指南》和备案的监测计划对重点排放单位排放报告中的每一个活动数据的来源及数值进行核查。核查的内容至少应包括活动数据的单位、数据来源、监测方法、监测频次、记录频次、数据缺失处理（如适用）等内容，并对每一个活动数据的符合性进行报告。如果活动数据的核查采用了抽样的方式，核查机构应在核查报告中详细报告样本选择的原则、样本数量以及抽样方法等内容。

如果活动数据的监测使用了监测设备，核查机构则应确认监测设备是否得到了维护和校准，维护和校准是否符合核算方法和报告指南的要求。核查机构应确认因设备校准延误而导致的误差是否进行处理，处理的方式不应导致配额的过量发放。如果延迟校准的结果不可获得或者在核查时发现未实施校准，核查机构应在得出最终核查结论之前要求重点排放单位对监测设备进行校准，且排放量的核算不应导致配额的过量发放。在核查过程中，核查机构应将每一个活动数据与其他数据来源进行交叉核对，其他的数据来源可包括燃料购买合同、能源台账、月度生产报表、购售电发票、供热协议及报告、化学分析报告、能源审计报告等。

（2）排放因子（计算系数）及来源的核查

核查机构应依据《核算方法和报告标准》或《指南》和备案的监测计划对重点排放单位排放报告中的每一个排放因子和计算系数（以下简称排放因子）的来源及数值进行核查。如果排放因子采用默认值，核查机构应确认默认值是否与核算方法和报告指南的默认值一致。如果排放因子采用实测值，核查机构至少应对排放因子的单位、数据来源、监测方法、监测频次、记录频次、数据缺失处理（如适用）等内容进行核查，并对每一个排放因子的符合性进行报告。如果排放因子数据的核查采用了抽样的方式，核查机构应在核查报告中详细报告样本选择的原则、样本数量以及抽样方法等内容。

如果排放因子数据的监测使用了监测设备，核查机构应采取与活动数据监测设备同样的核查方法。

在核查过程中，核查机构应将每一个排放因子数据与其他数据来源进行交叉核对，其他的数据来源可包括化学分析报告、IPCC 默认值、省级温室气体清单指南中的默认值等。当排放因子采用默认值时，可以不进行交叉核对。

（3）温室气体排放量的核查

核查机构应按照核算方法与报告指南的要求对排放量的核算结果进行核查。核查机构应通过重复计算、公式验证、与年度能源报表进行比较等方式对重点排放单位排放报告中的排放量的核算结果进行核查。核查机构应报告排放量计算公式是否正确、排放量的累加是否正确、排放量的计算是否可再现、排放量的计算结果是否正确等核查发现。

（4）配额分配相关补充数据的核查

除核算方法与报告指南要求报告的数据之外，核查机构应对每一个配额分配相关补充数据进行核查，核查的内容至少应包括数据的单位、数据来源、监测方法、监测频次、记录频次、数据缺失处理（如适用）等内容，并对每一个数据的符合性进行报告。如果配额分配相关补充数据的核查采用了抽样的方式，核查机构应在核查报告中详细报告样本选择的原则、样本数量以及抽样方法等内容。

如果配额分配相关补充数据已经作为一个单独的活动数据实施核查，核查机构应在核查报告中予以说明。

在核查过程中，核查机构应将每一个数据与其他数据来源进行交叉核对。

5.质量保证和文件存档的核查

核查机构应按核算方法和报告指南的规定对以下内容进行核查：

- 是否指定了专门的人员进行温室气体排放核算和报告工作；

- 是否制定了温室气体排放和能源消耗台账记录，台账记录是否与实际情况一致；

- 是否建立了温室气体排放数据文件保存和归档管理制度，并遵照执行；

- 是否建立了温室气体排放报告内部审核制度，并遵照执行。

核查机构可以通过查阅文件和记录以及访谈相关人员等方法来实现对质量保证和文件存档的核查。

附件　核查报告格式

****(重点排放单位名称)

****年度

温室气体排放核查报告

核查机构名称（公章）：

备案的核查行业领域：

核查报告签发日期：

重点排放单位名称		地址	
联系人		联系方式 （电话、email）	

重点排放单位是否是委托方？　□是　　□否，如否，请填写以下内容。

委托方名称		地址	
联系人		联系方式 （电话、email）	
重点排放单位所属行业领域			
重点排放单位是否为独立法人			
核算和报告依据			
温室气体排放报告(初始)版本/日期			
温室气体排放报告(最终)版本/日期			
初始报告的排放量			
经核查后的排放量			
初始报告排放量和经核查后排放量差异的原因			

核查结论

- 重点排放单位的排放报告与《核算方法与报告标准》或指南的符合性；

- 重点排放单位的排放报告与备案的监测计划的一致性；

- 重点排放单位的排放量声明；

- 重点排放单位的排放量存在异常波动的原因说明；

- 核查过程中未覆盖的问题描述。

核查组长		签名		日期	
核查组成员					
技术复核人		签名		日期	
批准人		签名		日期	

目 录

核查报告正文（至少包括以下内容）

1. 概述

1.1 核查目的

1.2 核查范围

1.3 核查准则

2. 核查过程和方法

2.1 核查组安排

2.2 文件评审

2.3 现场核查

2.4 核查报告编写及内部技术复核

3. 核查发现

3.1 重点排放单位基本情况的核查

3.2 核算边界的核查

3.3 核算方法的核查

3.4 核算数据的核查

3.4.1 活动数据及来源的核查

3.4.1.1 活动数据 1

3.4.1.2 活动数据 2

……

3.4.2 排放因子和计算系数数据及来源的核查

3.4.2.1 排放因子和计算系数1

3.4.2.2 排放因子和计算系数2

……

3.4.3 排放量的核查

3.4.4 配额分配支持数据的核查

3.5 质量保证和文件存档的核查

3.6 其他核查发现

4. 核查结论

5. 附件

附件1 不符合清单

附件2 对今后核算活动的建议

支持性文件清单

附件 1 不符合清单

序号	不符合描述	重点排放单位原因分析及整改措施	核查结论
1			
2			
3			
4			
5			

第三部分　核查报告范例

报告编码####

##石化有限公司

2013-2015 年度

温室气体排放核查报告

核查机构名称（公章）：#######

核查报告签发日期：#### 年 ## 月## 日

重点排放单位信息表

重点排放单位名称	####石化有限公司	地址	##市##区##路##号
联系人	##	联系方式	123456789
重点排放单位所属行业领域	石化			
重点排放单位是否为独立法人	是			
核算和报告依据	《中国石油化工企业温室气体排放核算方法与报告指南（试行）》			
温室气体排放报告（初始）版本/日期	2016年4月1日			
温室气体排放报告（最终）版本/日期	2016年5月1日			
初始报告的排放量	年度	2013	2014	2015
	排放量(t CO_2)	####	####	####
经核查后的排放量	年度	2013	2014	2015
	排放量(t CO_2)	####	####	####
初始报告排放量和经核查后排放量差异的原因	天然气低位热值、蒸汽热量单位计算按照《核算指南》要求进行了修改。			

核查结论：

基于文件评审和现场访问，在所有不符合项关闭之后，##核查机构确认：

- ####石化有限公司 2013—2015 年度的排放报告与核算方法符合《中国石油化工企业温室气体排放核算方法与报告指南（试行）》的要求；

- ####石化有限公司 2013—2015 年度的排放量为：

年度	2013	2014	2015
化石燃料燃烧排放量(t CO_2)	####	####	####
火炬燃烧排放量(t CO_2)	####	####	####
生产过程排放量(t CO_2)	####	####	####
二氧化碳回收量(t CO_2)	####	####	####
净购入电力排放量(t CO_2)	####	####	####
净购入电力排放量(t CO_2)	####	####	####
总排放量(t CO_2)	####	####	####

- ####石化有限公司2013—2015年度排放量不存在异常波动；
- ####石化有限公司2013—2015年度的核查过程中无未覆盖的问题。

核查组长	####	签名：	日期：
核查组成员			
技术复核人		签名：	日期：
批准人		签名：	日期：

目 录

1 概述 30

    1.1 核查目的 30

    1.2 核查范围 30

    1.3 核查准则 31

2 核查过程和方法 31

    2.1 核查组安排 31

    2.2 文件评审 32

    2.3 现场核查 32

    2.4 核查报告编写及内部技术评审 32

3 核查发现 33

    3.1 重点排放单位基本情况的核查 33

    3.2 核算边界的核查 35

        3.2.1 企业边界 35

        3.2.2 排放源和气体种类 36

    3.3 核算方法的核查 37

        3.3.1 化石燃料燃烧排放 37

        3.3.2 火炬燃烧排放 38

  3.3.3 生产过程排放 39

  3.3.4 CO_2 回收利用量 40

  3.3.5 净购入电力和热力隐含的排放 40

 3.4 核算数据的核查 41

  3.4.1 活动数据及来源的核查 41

  3.4.2 排放因子和计算系数数据及来源的核查 45

  3.4.3 排放量的核查 45

  3.4.4 补充数据的核查 49

 3.5 质量保证和文件存档的核查 52

 3.6 其他核查发现 52

4 核查结论 52

5 附件 53

  附件 1 不符合清单 53

  附件 2 对今后核算活动的建议 53

  附件 3 支持性文件清单 54

1.概述

1.1 核查目的

根据《国家发展改革委办公厅关于切实做好全国碳排放权交易市场启动重点工作的通知》（发改办气候〔2016〕57号，以下简称"57号文"）的要求，为全国碳排放交易体系中的配额分配方案提供支撑，###核查机构受##市发展和改革委员会的委托，对####石化有限公司（以下简称"受核查方"）2013—2015年度的温室气体放报告进行核查。此次核查目的包括：

- 确认受核查方提供的二氧化碳排放报告及其支持文件是否是完整可信，是否符合《中国石油化工企业温室气体排放核算方法与报告指南（试行）》的要求；

- 确认受核查方提供的《温室气体排放报告补充数据》（即57号文附件3，以下简称《补充数据》）及其支持文件是否完整可信，是否符合《中国石油化工企业温室气体排放核算方法与报告指南（试行）》的要求和补充数据表填写的要求；

- 根据《中国石油化工企业温室气体排放核算方法与报告指南（试行）》的要求，对记录和存储的数据进行评审，确认数据及计算结果是否真实、可靠、正确。

1.2 核查范围

本次核查范围包括：

- 受核查方2013—2015年度在企业边界内的二氧化碳排放，即####厂址内化石燃料燃烧、火炬燃烧、产品生产过程中导致的二氧化碳直接排放，设施电力消耗、热力消耗隐含的二氧化碳间接排放，以及二氧化碳回收情况。

- 受核查方2013—2015年度《补充数据表格》内的所有信息，即所有乙烯装置中原料缓冲罐、原料脱硫和脱砷、裂解炉区、急冷区、压缩区、分离区等单元内以上二氧化碳直接和间接排放，纳入碳交易的主营产品产量。

1.3 核查准则

- 《中国石油化工企业温室气体排放核算方法与报告指南（试行）》（以下简称《指南》）；

- 《国家发展改革委办公厅关于切实做好全国碳排放权交易市场启动重点工作的通知》（发改办气候〔2016〕57号）；

- 《全国碳排放权交易第三方核查参考指南》；

- 《乙烯装置单位产品能源消耗限额》（GB30250-2013）。

2.核查过程和方法

2.1 核查组安排

根据##核查机构内部核查组人员能力及程序文件的要求，此次核查组由表2-1所示人员组成。

表2-1 核查组成员

序号	姓名	职务	职责分工
1	王##	核查组组长	文件评审、现场访问、报告编写
2	陈##	核查组组员	文件评审、报告编写
3	曾##	核查组组员	文件评审、现场访问、报告编写
4	王##	技术复核人	技术评审
5	王##	技术复核人	技术评审

2.2 文件评审

核查组于 2016 年##月##日收到受核查方提供的《2013—15 年度温室气体排放报告（初版）》（以下简称《排放报告（初版）》），并于 2016 年##月##日对该报告进行了文件评审。核查组在文件评审过程中确认了受核查方提供的数据信息是完整的，并且识别出了现场访问中需特别关注的内容。

受核查方提供的支持性材料及相关证明材料见本报告附件 2"支持性文件清单"。

2.3 现场核查

核查组成员于 2016 年##月##日对受核查方温室气体排放情况进行了现场核查。在现场访问过程中，核查组按照核查计划走访并现场观察了相关设施并采访了相关人员。现场主要访谈对象、部门及访谈内容见表 2-2。

表 2-2 现场访问内容

时间	对象	部门	职务	访谈内容
	李##	生产部		
	康##	生产部		
	宋##	生产部		
	李##	财务部		

2.4 核查报告编写及内部技术评审

现场访问后,核查组于 2016 年##月##日向受核查方开具了 3 个不符合。2016 年##月##日收到受核查方《2013—2015 年度温室气体排放报告（终版）》（以下简称《排放报告（终版）》），并确认不符合项全部关闭之后，核查组完成核查报告。根据##核查机构内部管理程序，本核查报告在提交给核查委托方前须经过##核查机构独立于核查组的技术复核人员进行内部的技术复核。技术复核由 2

名技术复核人员根据##核查机构工作程序执行。

3.核查发现

3.1 重点排放单位基本情况的核查

核查组对《排放报告（初版）》中的企业基本信息进行了核查，通过查阅受核查方的《法人营业执照》《组织机构代码证》《组织架构图》等相关信息，并与受核查方代表进行交流访谈，确认如下信息：

####石化有限公司，组织机构代码####行业代码2614，是####出资设立的大型石油化工企业，成立于##年##月##日，公司主营业务包括乙烯及其衍生产品的生产、销售和研发。

受核查方组织机构如图2-1所示。

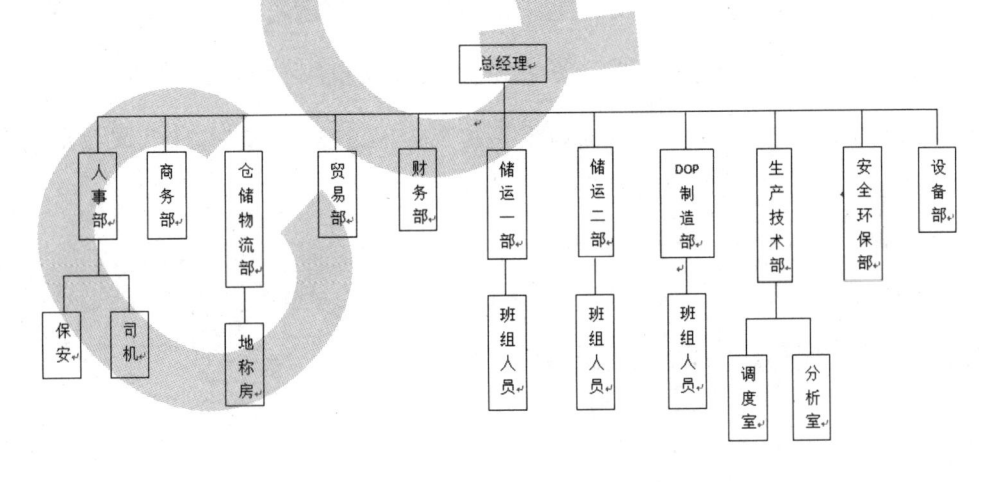

图2-1 受核查方组织机构图

受核查方共有10套先进工艺技术和世界级规模的主要生产装置，其中包括：

（1）乙烯装置：采用####顺序深冷分离、二元制冷技术，规模为年####万吨乙烯/年（按####小时计算），操作弹性为##~###%，按照5年一次大检修设计。装置内主要由裂解、急冷、压缩、分离冷区和热区、废碱氧化、火炬气汽化、污水预处理等组成。丙烷、LPG、芳烃抽余液、氢尾油、石脑油以及循环乙烷/丙烷在裂解炉中经高温裂解后，通过顺序深冷分离流程将其中的各个组分进行分离。

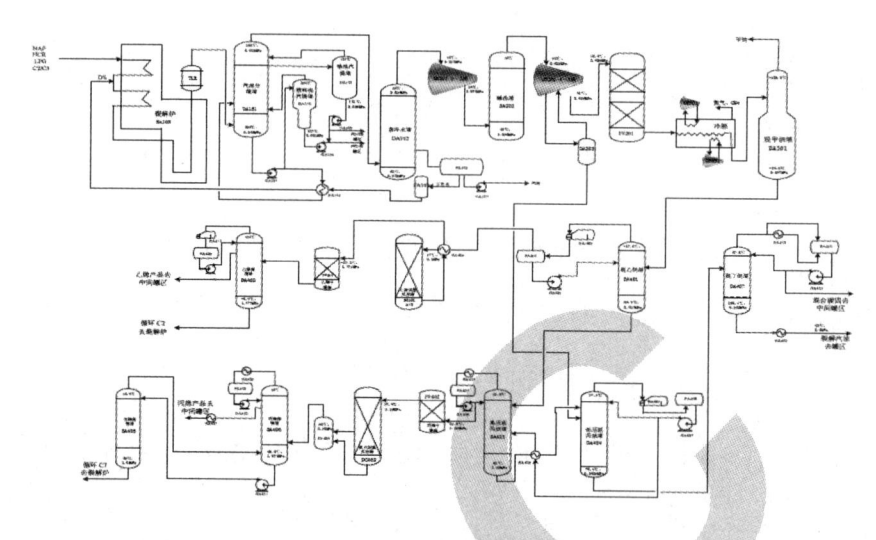

图 2-2　乙烯装置流程简图

（2）裂解汽油加氢装置:采用国际化裂解汽油加氢技术，三塔二反流程，即脱碳五塔、脱碳九塔、一段加氢、二段加氢和稳定塔系统。本装置对乙烯装置生产的粗裂解汽油进行处理，将轻组分碳五及重组分碳九、碳十分离出去，中间馏分经两段加氢反应除去双烯烃和单烯烃，再经过硫化氢汽提塔脱除硫化氢后产出合格的加氢汽油产品。

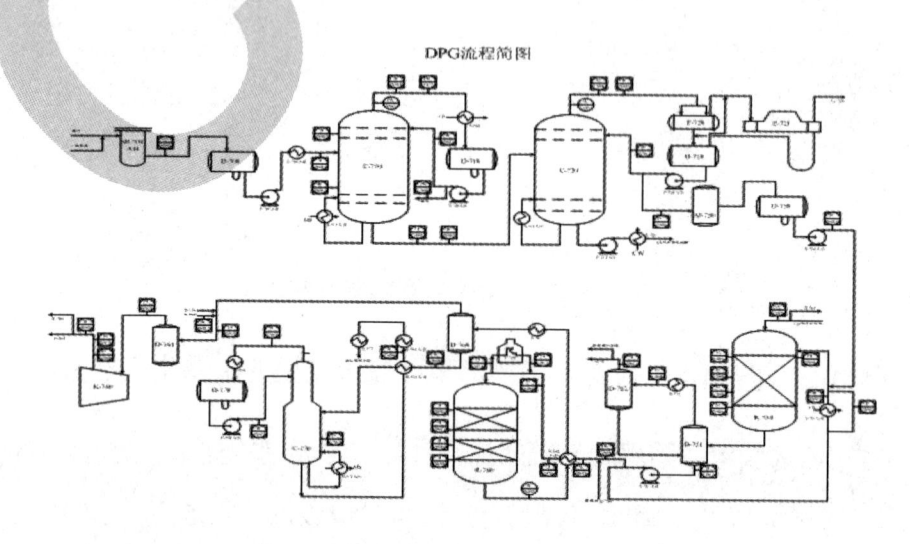

图 2-3　裂解汽油加氢装置流程简图

根据受核查方《生产月报》和《工业产销总值及主要产品产量》，2013~2015年度受核查方主营产品产量信息见表3-1。

表3-1 主营产品产量产值

产品产量及产值	2013年	2014年	2015年
乙烯（t）	####	####	####
丙烯（t）	####	####	####
丁二烯（t）	####	####	####
####	####	####	####
####	####	####	####
####	####	####	####
####	####	####	####
####	####	####	####
####	####	####	####
####	####	####	####
####	####	####	####
####	####	####	####
####	####	####	####

核查组查阅了《排放报告（初版）》中的企业基本信息，确认其数据与实际情况相符，符合《核算指南》的要求。

3.2 核算边界的核查

3.2.1 企业边界

通过文件评审及现场访问过程中查阅相关资料、与受核查方代表访谈，核查组确认受核查方为独立法人，因此企业边界为受核查方控制的所有生产系统、辅助生产系统以及直接为生产服务的附属生产系统。经现场参访确认，受核查企业边界为位于####地址的厂址。

其中,《补充数据》要求的边界为乙烯装置中原料缓冲罐、原料脱硫和脱砷、裂解炉区、急冷区、压缩区、分离区等单元。

因此,核查组确认《排放报告（终版）》的核算边界符合《核算指南》的要求。

3.2.2 排放源和气体种类

通过文件评审及现场访问过程中查阅相关资料、与受核查方代表访谈,核查组确认核算边界内的排放源及气体种类见表3-2。

表3-2 主要排放源信息

排放种类	能源品种	排放设施
化石燃料燃烧	甲烷	####
	剩余碳四	####
	液化石油气	####
	汽油	####
	苯酚燃烧炉废气	####
火炬气燃烧	烯烃火炬气	####
	聚烯烃火炬气	####
工业生产过程	/	####
净购入电力	/	####
净购入热力	/	####
CO_2回收	/	

核查组查阅了《排放报告（终版）》,确认其完整识别了边界内排放源和排放设施且与实际相符,符合《核算指南》的要求。

36

3.3 核算方法的核查

核查组确认《排放报告（初版）》中的温室气体排放采用如下核算方法：

$$E_{GHG}=E_{CO_2\_燃烧}+E_{CO_2\_火炬}+E_{CO_2\_过程}-R_{CO_2\_回收}+E_{CO_2\_净电}+E_{CO_2\_净热} \quad (1)$$

式中：

E_{GHG}——温室气体排放总量，tCO_2；

$E_{CO_2\_燃烧}$——化石燃料燃烧活动产生的CO_2排放，tCO_2；

$E_{CO_2\_火炬}$——火炬燃烧导致的CO_2排放，tCO_2；

$E_{CO_2\_过程}$——工业生产过程产生的CO_2排放，tCO_2；

$R_{CO_2\_回收}$——CO_2排放回收利用量，tCO_2；

$E_{CO_2\_净电}$——净购入电力隐含的CO_2排放，tCO_2；

$E_{CO_2\_净热}$——的净购入热力隐含的CO_2排放，tCO_2；。

3.3.1 化石燃料燃烧排放

受核查方汽油、液化石油气、甲烷、剩余碳四、苯酚燃烧炉废气的排放采用《核算指南》中的如下核算方法：

$$E_{CO_2\_燃烧} = \sum_j \sum_i \left(AD_{i,j} \times CC_{i,j} \times OF_{i,j} \times \frac{44}{12} \right) \quad (2)$$

式中：

$E_{CO_2\_燃烧}$——化石燃料燃烧活动产生的CO_2排放，tCO_2；

$AD_{i,j}$——燃烧设施j内燃烧的化石燃料品种i消费量，对固体或液体燃料以及炼厂干气以t为单位，对其他气体燃料以万Nm^3为单位；

$CC_{i,j}$——设施 j 内燃烧的化石燃料 i 的含碳量，对固体和液体燃料以 tC/t 为单位，对气体燃料以 tC/万 Nm³ 为单位；

$OF_{i,j}$——燃烧的化石燃料 i 的碳氧化率，取值范围为 0～1；

$E_{CO_2\_净热}$——的净购入热力隐含的 CO_2 排放，tCO_2。

3.3.2 火炬燃烧排放

受核查方烯烃、聚烯烃火炬气部分被回收利用，用于乙烯装置的燃料系统，剩余部分火炬燃烧，《排放报告（终版）》采用《核算指南》火炬燃烧的方法核算烯烃、聚烯烃火炬气排放量，核查组认为虽然部分排放属于化石燃料燃烧，但使用火炬燃烧的核算方法也是合理和可接受的。

$$E_{CO_2\_火炬} = E_{CO_2\_正常火炬} + E_{CO_2\_事故火炬} \quad (3)$$

式中：

$E_{CO_2\_火炬}$——火炬燃烧导致的 CO_2 排放，tCO_2；

$E_{CO_2\_正常火炬}$——正常工况下火炬气燃烧产生的 CO_2 排放，tCO_2；

$E_{CO_2\_事故火炬}$——正常工况下火炬气燃烧产生的 CO_2 排放，tCO_2。

$$E_{CO_2\_正常火炬} = \sum_i \left(Q_{正常火炬} \times \left(CC_{非CO_2} \times OF \times \frac{44}{12} + V_{CO_2} \times 19.7 \right) \right)_i \quad (4)$$

式中：

$Q_{正常火炬}$——正常工况下第 i 号火炬系统的火炬气流量，万 Nm³；

$CC_{非CO_2}$——火炬气中除 CO_2 外其他含碳化合物的总含碳量，单位为吨碳/万 Nm³，计算方法见式（5）；

OF —— 第 i 号火炬系统的碳氧化率，如无实测数据可取缺省值 0.98；

V_{CO_2} ——火炬气中 CO_2 的体积浓度；

19.7——CO_2 气体在标准状况下的密度，$tCO_2/$万 Nm^3。

$$CC_{\text{非}CO_2} = \sum_n \left(\frac{12 \times V_n \times C_{Nn} \times 10}{22.4} \right) \quad (5)$$

式中：

V_n ——火炬气中除 CO_2 外的第 n 种含碳化合物（包括一氧化碳）的体积浓度，%；

C_{Nn} ——火炬气中第 n 种含碳化合物（包括一氧化碳）化学分子式中的碳原子数目。

但是，在《排放报告（初版）》中，烯烃火炬中的二氧化碳组分与其他非二氧化碳组分一起计算，未单独列出，不符合《指南》的要求，因此核查组开具了不符合项，该不符合项在《排放报告（终版）》按照指南进行修改后成功关闭（详见附件 1 "不符合清单"）。

3.3.3 生产过程排放

受核查方属于乙烯及其下游产品生产企业，主要的生产过程排放为以乙烯为原料氧化生产乙二醇工艺过程中，乙烯氧化生成环氧乙烷产生的排放，采用《核算指南》核算方法进行核算，具体如下所示。

$$E_{CO_2\_乙二醇} = \sum_{j=1}^{N} \left[\left(RE_j \times REC_j - EO_j \times EOC_j \right) \times \frac{44}{12} \right] \quad (6)$$

式中：

$E_{CO_2\_乙二醇}$ ——乙二醇生产装置 CO_2 排放量，tCO_2；

RE_j——第 j 套乙二醇装置乙烯原料用量，t；

REC_j——第 j 套乙二醇装置乙烯原料的含碳量，tC/t 乙烯；

EO_j——第 j 套乙二醇装置的当量环氧乙烷产品产量，t；

EOC_j——第 j 套乙二醇装置环氧乙烷的含碳量，tC/t 环氧乙烷；

j——乙二醇生产装置序号，1,2,3…N。

3.3.4 CO₂ 回收利用量

受核查方回收部分生产工艺产生的 CO_2、回收的 CO_2 为食品级，对外出售，《排放报告（终版）》采用《核算指南》中的计算方法核算相关回收量，具体如下所示。

$$R_{CO_2\_回收} = (Q_{外供} \times PUR_{CO_2\_外供} + Q_{自用} \times PUR_{CO_2\_自用}) \times 19.7 \tag{7}$$

式中：

$R_{CO_2\_回收}$——CO_2 回收利用量，tCO_2；

$Q_{外供}$——回收且外供的 CO_2 气体体积，万 Nm^3；

$PUR_{CO_2\_外供}$——回收且自用作生产原料的 CO_2 气体体积，万 Nm^3；

$Q_{自用}$——CO_2 外供气体的纯度（CO_2 体积浓度），取值范围为 0~1；

$PUR_{CO_2\_自用}$——CO_2 原料气的纯度，取值范围为 0~1；

19.7——CO_2 气体在标准状况下的密度，tCO_2/万 Nm^3。

3.3.5 净购入电力和热力隐含的排放

$$E_{CO_2\_净电} = AD_{电力} \times EF_{电力} \tag{8}$$

$$E_{CO_2\_净热} = AD_{热力} \times EF_{热力} \qquad (9)$$

式中：

$E_{CO_2\_净电}$——净购入电力隐含的 CO_2 排放量，tCO_2；

$AD_{电力}$——净购入的电力消费量，（MW·h）；

$EF_{电力}$——电力供应的 CO_2 排放因子，tCO_2/MW·h；

$E_{CO_2\_净热}$——净购入热力隐含的 CO_2 排放量，tCO_2；

$AD_{热力}$——业净购入的热力消费量，GJ；

$EF_{热力}$——热力供应的 CO_2 排放因子，tCO_2/GJ。

通过文件评审和现场访问，核查组确认《排放报告（终版）》中采用的核算方法与《核算指南》一致。

3.4 核算数据的核查

3.4.1 活动数据及来源的核查

3.4.1.1 甲烷消耗量

由乙烯装置产生的甲烷一部分回用于乙烯裂解炉，一部分用于其他装置，所有甲烷均燃烧产生二氧化碳排放；消耗甲烷的装置均装有流量计，甲烷浓度每周检测。

数据来源：

监测方法：

监测频次：

记录频次：

监测设备维护：

数据缺失处理：

交叉核对：

表 3-3 核查确认的甲烷消耗量　　　　　　　　　　　　　　单位：t

月份	2013 年	2014 年	2015 年
1	####	####	####
2	####	####	####
3	####	####	####
5	####	####	####
6	####	####	####
7	####	####	####
9	####	####	####
10	####	####	####
11	####	####	####
12	####	####	####
甲烷浓度	####	####	####
折纯合计	####	####	####

3.4.1.2 剩余碳四消耗量

数据来源：

监测方法：

监测频次：

记录频次：

监测设备维护：

数据缺失处理：

交叉核对：

表 3-4 核查确认的剩余碳四消耗量　　　　　　　　　　　单位：t

月份	2013 年	2014 年	2015 年
1	####	####	####
2	####	####	####
3	####	####	####
4	####	####	####
5	####	####	####
6	####	####	####
7	####	####	####
8	####	####	####
9	####	####	####
10	####	####	####
11	####	####	####
12	####	####	####
合计	####	####	####

3.4.1.3~3.4.1.10

………

3.4.1.11　二氧化碳回收量

数据来源：

监测方法：

监测频次：

记录频次：

监测设备维护：

数据缺失处理：

交叉核对：

表 3-14 核查确认的二氧化碳回收量（已折纯）　　　　单位：t

月份	2013 年	2014 年	2015 年
1	####	####	####
2	####	####	####
3	####	####	####
4	####	####	####
5	####	####	####
6	####	####	####
7	####	####	####
8	####	####	####
9	####	####	####
10	####	####	####
11	####	####	####
12	####	####	####
合计	####	####	####

综上所述，通过文件评审和现场访问，核查组确认《排放报告（终版）》中的活动水平数据及其来源合理、可信，符合《核算指南》的要求。

3.4.2 排放因子和计算系数数据及来源的核查

3.4.2.1 甲烷含碳量和碳氧化率

排放因子：甲烷含碳量

数值： 75.0000%

数据来源：甲烷分子（CH_4）中碳元素质量比

排放因子：甲烷碳氧化率

数值：99%

数据来源：《核算指南》中气体燃料缺省值

3.4.2.2~3.4.2.9

…………

3.4.2.10 外购热力排放因子

排放因子：外购热力排放因子

数值： 0.11 tCO_2/GJ

数据来源：《核算指南》缺省值

综上所述，通过文件评审和现场访问，核查组确认《排放报告（终版）》中的排放因子和计算系数数据及其来源合理、可信，符合《核算指南》的要求。

3.4.3 排放量的核查

根据上述确认的活动水平数据及排放因子，核查组重新验算了受核查方的温室气体排放量，结果如下。

3.4.3.1 化石燃料燃烧排放

表 3-15 核查确认的化石燃料燃烧排放量

年度	种类	消耗量/t A	含碳量/(tC/t) B	碳氧化率/% C	折算因子 D	排放量/tCO$_2$ E=A*B*C*D	总排放量/tCO$_2$
2013	甲烷	####	####	####	####	####	####
	剩余碳四	####	####	####	####	####	####
	液化石油气	####	####	####	####	####	
2013	汽油	####	####	####	####	####	####
	燃烧炉废气-丙酮	####	####	####	####	####	####
	燃烧炉废气-a-甲基苯乙烯	####	####	####	####	####	####
	燃烧炉废气-异丙苯	####	####	####	####	####	
2014	甲烷	####	####	####	####	####	####
	剩余碳四	####	####	####	####	####	####
	液化石油气	####	####	####	####	####	####
	汽油	####	####	####	####	####	####
	燃烧炉废气-丙酮	####	####	####	####	####	####
	燃烧炉废气-a-甲基苯乙烯	####	####	####	####	####	####
	燃烧炉废气-异丙苯	####	####	####	####	####	

年份								
2015	甲烷	####	####	####	####	####		####
	####	####	####	####	####	####		
	####	####	####	####	####	####		
	####	####	####	####	####	####		
	####	####	####	####	####	####		
	####	####	####	####	####	####		
	####	####	####	####	####	####		

3.4.3.2 火炬燃烧排放

表 3-16 核查确认的火炬气燃烧排放量

年份	火炬气种类	废气量 /t A	非 CO_2 组分含碳量 /% B	碳氧化率 /% C	CO_2 含量/% D	折算因子 E	排放量 / tCO_2 $F=A*(B*C+D)*E$	合计 / CO_2
2013	烯烃	####	####	####	####	####	####	####
	聚烯烃	####	####	####	####	####	####	####
2014	烯烃	####	####	####	####	####	####	####
	聚烯烃	####	####	####	####	####	####	####
2015	烯烃	####	####	####	####	####	####	####
	聚烯烃	####	####	####	####	####	####	

3.4.3.3 生产过程排放

表 3-17 核查确认的生产过程排放

年份	投入物料			产出产品			折算因子	排放量/ tCO₂
	名称	投入量/t	含碳量/%	名称	产量/t	含碳量/%		
	A	B		C	D		E	F=(A*B-C*D)*E
2013	####	####	####	####	####	####	44/12	####
	####	####	####	####	####	####		
	####	####	####	####	####	####		
				####	####	####		
2014	####	####	####	####	####	####	44/12	####
	####	####	####	####	####	####		
2014	####	####	####	####	####	####		
	####	####	####	####	####	####		
2015	####	####	####	####	####	####	44/12	####
	####	####	####	####	####	####		
	####	####	####	####	####	####		
	####	####	####	####	####	####		

3.4.3.4 二氧化碳回收量

表 3-18 核查确认的二氧化碳回收量

年份	2013 年	2014 年	2015 年
回收量/tCO₂	####	####	####

3.4.3.5 净购入电力和热力隐含的排放

表 3-19 核查确认的净购入电力和热力排放

年份	净购入电力			净购入热力		
	电量 /MW·h	排放因子 /(t/MW·h)	排放量 / tCO$_2$	热量/GJ	排放因子 /(t/GJ)	排放量 / tCO$_2$
	A	B	$C=A*B$	A	B	$C=A*B$
2013	####	####	####	####	####	####
2014	####	####	####	####	####	####
2015	####	####	####	####	####	####

3.4.3.6 排放量汇总

表 3-20 核查确认的总排放量　　　　　　　　　　　　　　　tCO$_2$

年度	2013	2014	2015
化石燃料燃烧排放量	####	####	####
火炬燃烧排放量	####	####	####
生产过程排放量	####	####	####
二氧化碳回收量	####	####	####
净购入电力排放量	####	####	####
净购入电力排放量	####	####	####
总排放量	####	####	####

综上所述，核查组通过重新验算，确认《排放报告（终版）》中的排放量数据计算结果正确，符合《核算指南》的要求。

3.4.4 补充数据的核查

3.4.4.1 既有还是新增

3.4.4.2 二氧化碳排放总量

化石燃料燃烧排放量

表 3-21 核查确认的补充数据中的化石燃料燃烧排放量

年份	种类	消耗量 /t A	含碳量 /t B	碳氧化率/% C	折算因子 D	排放量 / tCO₂ E=A*B*C*D	总排放量 / tCO₂
2013	甲烷	####	####	####	####	####	####
	剩余碳四	####	####	####	####	####	
	液化石油气	####	####	####	####	####	
2014	甲烷	####	####	####	####	####	####
	剩余碳四	####	####	####	####	####	
	液化石油气	####	####	####	####	####	
2015	甲烷	####	####	####	####	####	####
	剩余碳四	####	####	####	####	####	
	液化石油气	####	####	####	####	####	

（1）回收利用的烯烃和聚烯烃火炬气燃烧

……

（2）消耗电力对应的排放量

……

（3）消耗热力对应的排放量

……

综上所述，核查组认为《补充数据（终版）》中关于二氧化碳排放量的活动水平数据和排放因子数据来源可信，排放量计算正确，符合《核算指南》的要求，核查组确认的二氧化碳总排放量如下。

表 3-26 核查确认的补充数据总排放量　　　　　　　　　　　　　　tCO$_2$

排放种类	2013 年	2014 年	2015 年
化石燃料燃烧排放量			
火炬气燃烧排放量			
净购入电力排放量			
净购入热力排放量			
总排放量			

3.4.4.3　乙烯产量

数据来源：

监测方法：

监测频次：

记录频次：

监测设备维护：

数据缺失处理：

交叉核对：

表 3-24 核查确认的乙烯产量　　　　　　　　　　　　　　　　　　　t

年份	2013 年	2014 年	2015 年
产量	####	####	####

3.4.4.4　丙烯产量

……

综上所述，通过文件评审和现场访问，核查组确认受核查方《补充数据》的数据及其来源合理、可信、排放量计算正确，符合其填报要求和《核算指南》的要求。

3.5 质量保证和文件存档的核查

3.6 其他核查发现

4.核查结论

基于文件评审和现场访问，在所有不符合项关闭之后，中国质量认证中心（##核查机构）确认：

- ####石化有限公司 2013—2015 年度的排放报告与核算方法符合《中国石油化工企业温室气体排放核算方法与报告指南（试行）》的要求；

- ####石化有限公司 2013—2015 年度的排放量如下：

年度	2013	2014	2015
化石燃料燃烧排放量/tCO$_2$	####	####	####
火炬燃烧排放量/tCO$_2$	####	####	####
生产过程排放量/tCO$_2$	####	####	####
二氧化碳回收量/tCO$_2$	####	####	####
净购入电力排放量/tCO$_2$	####	####	####
净购入电力排放量/tCO$_2$	####	####	####
总排放量/tCO$_2$	####	####	####

- ####石化有限公司 2013—2015 年度排放量不存在异常波动；

- ####石化有限公司 2013—2015 年度的核查过程中无未覆盖的问题。

5.附件

附件1　不符合清单

序号	不符合描述	重点排放单位原因分析及整改措施	核查结论
NC-1	《排放报告（初版）》中，烯烃火炬中的二氧化碳组分与其他非二氧化碳组分一起计算、未单独列出，不符合《指南》的要求。	原因分析：填报人对《核算指南》不够了解。 整改措施：《排放报告（终版）》已严格按照《核算指南》的中火炬气燃烧排放的核算方法进行修改。	核查组确认《排放报告（终版）》报告中的烯烃火炬气燃烧排放的计算负荷《核算指南》的要求。该不符合项关闭。
NC-2			
NC-3			

附件2　对今后核算活动的建议

……

附件 3 支持性文件清单

1. 《法人营业执照》《组织机构代码证》《组织架构图》；

2. 《能源统计台账》；

3. 《甲烷组分分析表》；

4. 《投入产出表》（月报、年报）；

5. 《装置设计文件》；

6. 《可持续发展报告》；

7. 《购电发票》《售电发票》；

8. 《蒸汽购买发票》《蒸汽销售发票》；

9. 《蒸汽品质表》；

10. 《二氧化碳销售记录》；

11. 《烯烃火炬成分分析表》《聚烯烃火炬成分分析表》；

12. 《工业产销总值及主要产品产量 B204-1》；

13. 《统计管理办法》《碳排放交易管理规定》。